BEI GRIN MACHT SICH IHR WISSEN BEZAHLT

- Wir veröffentlichen Ihre Hausarbeit, Bachelor- und Masterarbeit

- Ihr eigenes eBook und Buch - weltweit in allen wichtigen Shops

- Verdienen Sie an jedem Verkauf

Jetzt bei www.GRIN.com hochladen und kostenlos publizieren

Kunststoffe früher, heute und in Zukunft. Die Entwicklung der Kunststoffe als Fluch oder Segen

Eugenie Geyman

Bibliografische Information der Deutschen Nationalbibliothek:

Die Deutsche Nationalbibliothek verzeichnet diese Publikation in der Deutschen Nationalbibliografie; detaillierte bibliografische Daten sind im Internet über http://dnb.d-nb.de abrufbar.

ISBN: 9783346908223
Dieses Buch ist auch als E-Book erhältlich.

Druck und Bindung: Books on Demand GmbH, Norderstedt Germany
Gedruckt auf säurefreiem Papier aus verantwortungsvollen Quellen

Das vorliegende Werk wurde sorgfältig erarbeitet. Dennoch übernehmen Autoren und Verlag für die Richtigkeit von Angaben, Hinweisen, Links und Ratschlägen sowie eventuelle Druckfehler keine Haftung.

Das Buch bei GRIN: https://www.grin.com/document/1372374

Eine Welt aus Plastik -
die Entwicklung der Kunststoffe
als Fluch oder Segen

Eine Hausarbeit im Rahmen

des Moduls IV. Farb-, Beschichtungs- und Oberflächentechnologie

des Studienfaches Farbtechnik/Raumgestaltung/Oberflächentechnik (PO 2009)

im Kombinatorischen Bachelor of Arts an der Bergischen Universität Wuppertal

Eingereicht von Eugenie Geyman

Abgabedatum: 14. Juli 2017 (SoSe 17)

Inhaltsverzeichnis

„Kunststoff herzustellen ist keine Kunst mehr, aber diesen Stoff
zu beseitigen, ist eine Kunst, denn Kunststoff ist nicht von Pappe.“

(Gerhard Uhlenbruck)

1. Einleitung

Kunststoff ist ein Material, welches seit seiner Entwicklung das menschliche Leben in Form einer immer größer werdenden Produktvielfalt bestimmt und fortlaufend immer weiter prägt. Der gedankliche Versuch heutzutage alle Kunststoffprodukte im Alltag wegzudenken, scheint sich auf viel mehr Dinge auszubreiten als zuerst erwartet und deren Nichtvorhandensein würde für den Menschen die deutliche Herabsenkung des gewohnten Lebensstandards bedeuten. Dies steht damit in Verbindung, dass dem Werkstoff Kunststoff eine Reihe von geschichtlichen und aktuellen Errungenschaften zugestanden werden muss, welche den Fortschritt auf vielen Gebieten ermöglichen und die Lebensqualität prägnant erhöhen. Dies verdeutlicht die starke Verbreitung, sowie Notwendigkeit dieses Werkstoffes für Mensch, Leben und ihr fortschrittliches Wachstum. Trotz dessen stehen Kunststoffe immer wieder im Disput bezüglich ihrer Auswirkungen auf Umwelt und Mensch und lassen ihren Einsatz bedenklich erscheinen (vgl. Schwarz, u.a., 2016: 11; Schwedt, 2013a: XI). Die vorliegende Hausarbeit mit dem Titel *„Eine Welt aus Plastik – die Entwicklung der Kunststoffe als Fluch oder Segen"* knüpft hieran an und soll die Materie dieses Werkstoffes ganzheitlich analysieren, sowie die Frage erforschen, welche positiven und negativen Aspekte der Entwicklung von Kunststoffen zuzuschreiben sind. Darüber hinaus soll insbesondere die These Erwähnung finden, dass Kunststoff das menschliche Leben bestimmt, für dessen Probleme es in Zukunft entsprechende Alternativen zu schaffen gilt. Um in diese Thematik möglichst viele nennenswerte Informationen und Faktoren strukturiert miteinfließen zu lassen, wurde eine passende Gliederung kreiert, die sich in drei Hauptkapitel spaltet: *Kunststoffe früher – Kunststoffe heute – Kunststoffe in Zukunft.* Diese ermöglicht, dass die einzelnen Materien chronologisch aufeinander aufbauen, wichtige Entwicklungen darlegen, die zentrale Kernfrage thematisieren und künftige Tendenzen für dieses Gebiet aufzeigen. Ein aus allen Erkenntnissen resultierendes Fazit fasst alle erarbeiteten Aspekte zusammen und rundet diese Hausarbeit abschließend ab.

Schlussendlich sollte Erwähnung finden, dass diese Arbeit nicht das Ziel verfolgt, alle Kunststoffarten mit ihren Charakteristika zu präsentieren oder den Schwerpunkt auf ihre chemischen oder technischen Aspekte zu legen. Vielmehr sollen Entwicklungsstadien der Kunststoffbranche im Zusammenhang mit ausgewählten Kunststoffarchetypen präsentiert und so die Facettenfülle im gegebenen Umfang aufgezeigt werden.

2. Kunststoffe früher – *die Entwicklung von Plastik*

Das erste Kapitel dieser Ausarbeitung soll sich mit der geschichtlichen Entstehung von Kunststoffen beschäftigen und dabei den Ursachen für ihre Entwicklung auf den Grund gehen. Hierfür gilt es zunächst Aufmerksamkeit ihrer Erforschung und der dahinterstehenden Motivation zu widmen. Darauf aufbauend werden die ersten Kunststoffe vorgestellt und ihre neuen Möglichkeiten und Vorteile bündig präsentiert. Abgeschlossen werden diese Ausführungen mit der Entwicklung der Kunststoffbranche und ihrer wirtschaftlichen Bedeutung, um die rückblickenden Schilderungen auf die Historie zu ergänzen.

2.1 Soziokulturelle Motivation und Entstehung

Der geschichtliche Ausgangspunkt der Kunststoffe geht dabei viel weiter in die menschliche Historie zurück als heutzutage mit dem Begriff "Kunststoff" in Verbindung gebracht wird. Die Zeittafel des Deutschen Kunststoff Museums siedelt den Beginn der Kunststoffgeschichte im Jahre 1530 durch den Werkstoff *Galalith* an, gefolgt von weiteren Entwicklungen, wie beispielsweise dem *Radiergummi aus Naturkautschuk (1770)* oder dem *Begriff der Polymerie (1833)*, wohingegen der prägnante Aufschwung Ende des 19. Jahrhunderts zu erkennen war (vgl. Schwedt, 2013:1; Internetpräsenz Deutsches Kunststoff Museum, 2017). Die dabei bis zu diesem Zeitpunkt überwiegend verbreiteten Materialen wie beispielsweise Holz, Metall oder Keramik kamen in dieser Zeit bedingt durch die aufkommende Industrialisierung an ihre Grenzen und konnten den neuen vielseitigen Anforderungen an Werkstoffe nur bedingt gerecht werden (vgl. Schwarz, u.a., 2016: 11). Der steigende Konsum an Rohstoffen ließ parallel auch die Preise für diese steigen, deren Verarbeitung kostenspieliger wurde und sie zu Luxusgütern werden ließ. Gleichzeitig konnte die Erhöhung des Lebensstandards beobachtet werden, was das Bedürfniss an qualitativen Konsumgütern enorm wachsen ließ und die Lage zu verschärfen vermochte. Begleitet durch den Ausbau der Waffenbranche und die Forderungen des Militärs wurde der Bedarf an neuen Werkstoffen immer größer und weitläufiger (vgl. Abts, 2010: 5).
Als Reaktion hierauf folgte die Erforschung neuer Materialien, welche durch eine einfache Verarbeitung und kostenniedrige Herstellung profilierten, wodurch das *Cellulosenitrat* als Ergebnis verschiedener Experimente auf den Markt trat und neue Aspekte in der Produktion ermöglichte. Bald erfolgte ebenso der Einsatz von Erdöl, um natürliche Rohstoffe zu

ersetzten und somit den Kosten- und Verfügbarkeitsfaktor zu regulieren. Ein entsprechendes erdölbasiertes Material wurde im Jahre 1907 unter dem Namen *Bakelit* bekannt. Mit der Einführung der *Theorie der Makromoleküle* nach *Hermann Staudinger* im Jahre 1922 konnten synthetische Polymere ihren Molekülanordnungen nach systematisiert und in *Thermoplaste, Duroplaste und Elastomere* aufgeteilt werden, worauf in den fünziger Jahren des 20. Jahrhunderts die kontinurlich steigende Produktion von Kunststoffen begann. (vgl. Schwarz, u.a., 2016: 11; Schwedt, 2013a: 7ff, Schwedt, 2013b: 1).

2.2 Neue Kunststoffe, ihre Möglichkeiten und Vorteile

Kurz nach der soeben beschriebenen Erfindung der ersten Kunststoffe breiten sich diese fortlaufend in unterschiedliche Gebiete und Branchen aus. So gelangen sie in den 1920er Jahren in das Leben der Menschen, in dem sie sich als günstige und zugängliche Alltagsgegenstände aus *Urea Formaldehyd* präsentieren, gefolgt von Produkten aus *Polyethylen* der Firma *Tupperware* in den 1940er Jahren (vgl. Pretting & Boote, 2010: 18ff.). *Tupperware* gelangt eine erste Annäherung von Kunststoff an Nahrungsmittel und trieb die Einführung von Lebensmittelverpackungen in den 1950er Jahren voran. Kunststoffverpackungen bieten den Vorteil leicht, individuell gestaltbar und günstig zu sein, sowie die Ware länger frisch zu halten und stapelbar zu machen, was die Transportkosten deutlich herabsenkt. So folgt in den 1960er Jahren die *Polyethylenphtalat* Flasche und löst Getränke in Glasflaschen ab. Doch hinterlassen diese Kunststoffverpackungen bereits im Jahre 1966 1,3 Millionen Tonnen Müll, worauf der erste Versuch folgt, Pfand für Mehrwegverpackungen einzuführen, welcher jedoch auf Grund von Diskriminierungsvorwürfen abgelehnt wird (vgl. ebd.: 23ff.). Darüber hinaus kann ab 1938 der Einsatz von Kunststoffen für den Bekleidungsbereich beobachtet werden, was mit dem Kunststoff *Nylon* von Du Pont symbolisch anzumerken sei und diese Branche durch neue Möglichkeiten revolutioniert (vgl. ebd.: 27f.). Ein weiteres Gebiet der Kunststoffe wird in 1940er Jahren die Wohnung und ihre Einrichtung, welche hauptsächlich durch *Polyvinylcarbonat* und später unter Zugabe von Weichmachern umgesetzt wurde. Dies machte *Polyvinylcarbonat* bereits 1945 zum meist produzierten Kunststoff in der Welt. Daran knüpft die Baubranche an und nutzt vermehrt Kunststoffe für Fensterrahmen und weitere Bauteile. Parallel dazu entwickelt der Werkstoff Kunststoff ein Eigenleben und definiert seine Existenz nicht weiter durch seine primäre Aufgabe Imitat für vorhandene Ressourcen zu sein. Denn er überzeugt unteranderem durch sein mechanisches, thermisches und optisches Verhalten, sowie seiner flexiblen und beständigen Charakteristika, als auch durch seine einfache Verarbeitung bei niedrigen Temperaturen (vgl. Pretting & Boote, 2010: 39ff.). Trotz dieser vielfältigen Vorteile und der stetigen Entwicklung der Kunststoffbranche gelingt erst verspätet der prägnante Durchbruch mit der Auflösung der *"Plastikphobie"* und dem Beginn des *"Plastik-Kults"*, wodurch dieser künstliche Werkstoff *"schick"* und ihr Konsum zum Trend wird. Damit wird der Kunststoffbranche Nährboden für ihr weiteres Gedeihen geboten (vgl. ebd.: 55f.)

2.3 Aufstrebende Kunststoffindustrie und wirtschaftliche Bedeutung

Die wirtschaftliche Tragweite von Kunststoffen knüpft an die Kreierung der Makromolekülketten durch Staudinger an und lässt Bedeutung dieses Werkstoffes für die Industrieländer gewinnen. Auch spielen zu diesem Zeitpunkt vermehrt die Kunststoffe eine wirtschaftliche Rolle, die vor Staudinger entdeckt worden waren und auf Naturstoffen basierten, da diese erst ab Mitte des 19. Jahrhunderts von der Industrie umgewandelt und verarbeitet worden waren wie zum Beispiel *Gummi* und *Elastomere*. Durch die zusätzliche Einführung der *Thermoplaste* in die Kunststoffbranche und die gleichzeitige Motivation seitens Deutschland vor und während des zweiten Weltkrieges alles aus eigenen Ressourcen herstellen zu wollen, wächst diese Branche exponentiell an und bildet schnell einen volumenmäßig mit Stahl vergleichbaren Markt (vgl. Menges, u.a., 2011: 1f.). Die nachfolgende Grafik zeigt die Erfolgsgeschichte der Kunststoffindustrie von 1950 bis 2009:

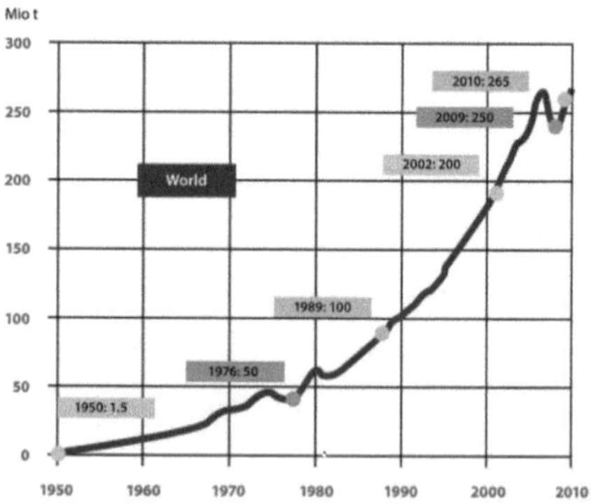

Abbildung 1: Kunststoffproduktion 1950-2009
Eigene Darstellung nach Menges, 2011, S. 3

Die Abbildung macht das stetige Wachstum dieses Marktes deutlich, wohingegen zwei eindeutige auch wenn kurze Zeitperioden von einem Kurvenabfall geprägt sind. Der erste Abschwung des Werkstoffes hängt dabei mit den zwei Erdölkrisen im Jahre 1973 und 1982 zusammen, welche eine weitläufige Forderung zur Schonung der Ressourcen auslösen und bedingt durch die beginnende Umweltverschmutzung durch Kunststoffverpackungen nach dem Recyceln verlangen. Die auf Grund dessen ins Leben gerufenen Kampagnen und die daraus entstandene Achtsamkeit diesem Thema gegenüber lässt bis heute die Kunststoffproduktion um etwa 4 Prozent weniger im Jahr steigen. Das zweite Tief der Kunststoffindustrie hängt dabei mit der allgemeinen Finanz- und Wirtschaftskrise im Jahre 2008 und 2009 zusammen (vgl. Menges, u.a., 2011: 2f.). Dabei finden sich bereits 2009 rund 394.000 Beschäftigte in Deutschland, die in etwa 3.700 Unternehmen der Kunststoffindustrie tätig sind und einen Umsatz von insgesamt 84 Milliarden Euro einbringen, der 6 Prozent der ganzen Industrieproduktion entspricht und somit einen wichtigen wirtschaftlichen Zweig bildet (vgl. Abts, 2010: 57).

3. Kunststoffe heute – *eine Welt aus Plastik*

Dieser Teil der Arbeit legt ihren Fokus auf die aktuelle Situation der Kunststoffe und erforscht den gegenwärtigen Disput um diese. Hierfür folgt zunächst die Thematisierung der gegenwärtigen Lage der Kunststoffbranche, woran sich die Vorstellung aufkommender Probleme in diesem Zusammenhang anschließt. Daraufhin gilt es die neuen Kunststoffarten, ihre Möglichkeiten und Einsatzgebiete zu erforschen und sich mit diesen zu beschäftigen.

3.1 Kunststoffbranche heute und Verbreitung

Heutzutage verkörpern Kunststoffe nicht nur den Ersatz für natürliche Materialen und Ressourcen, sondern stellen eine autonome Werkstoffgruppe mit eigenen Zielgruppen und Anwendungsgebieten dar. Die aufstrebende Kunststoffbranche des 20. Jahrhunderts präsentiert sich dabei als ein festetablierter Markt mit mehr als 1,5 Millionen Beschäftigten in rund 60.000 Unternehmen. Diese erwirtschaften aktuell jährlich einen Betrag von 340 Milliarden Euro und stellen einen grundlegenden Faktor für den Lebensstandard in Europa dar, so der Verbund Plastics Europe (2017). Die Anwendungsgebiete heute erstrecken sich über Verpackung-, Bau-, Automobil- und Elektronikbranche, sowie sonstige Abnehmer wie die Produktion von Haushaltswaren, Möbel, Landwirtschaft, Medizin und Spielzeug. Die genaue prozentuelle Verteilung in Europa, welche sich in den letzten Jahren kaum verändert hat, lässt sich wie folgt darstellen:

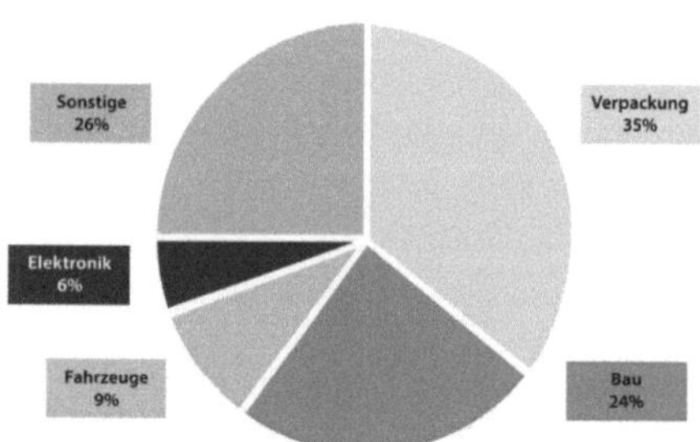

Abbildung 2: Der europäische Verbrauch von Kunststoffen nach den wesentlichen Verwendungsgebieten
Eigene Darstellung nach Menges, 2011, S. 7

Der Verbrauch dieser verschiedenen Produkte wird dabei in Westeuropa auf etwa 120 kg pro Kopf berechnet und entspricht aktuell einem Weltkunststoffverbrauch von etwa 200 Millionen Tonnen Kunststoff jährlich, wobei die Tendenz steigend ist (vgl. Menges, u.a., 2011: 19f). Das aktuell stetige Wachstum des Lebensstandards von Industrie-, sowie Schwellenländern lässt dabei das Produktionsvolumen immer weiter ansteigen und Güter durch die Massenproduktion mit Kunststoffen zugänglicher für die breite Masse werden. Menges führt hierbei im Jahre 2011 deutlich an, dass der Werkstoff Kunststoff eine bedeutende Zukunft vor sich hat und sich die Branche kurz vor einer erneuten Wachstumsphase befindet. Dies müsste umgerechnet dem heutigen Moment entsprechen, wobei vielerlei Grund zur Annahme besteht, dass das Wachstum der Branche aktuell noch nicht ihr Maximum erreicht hat und sich somit beständig weiter vergrößern wird (vgl. ebd.: 6).

3.2 Problematiken hinsichtlich Umwelt, Gesundheit und Sicherheit

Trotz der vielen positiven Aspekte des Werkstoffes Kunststoff steht dieser bezüglich bestimmter Gesichtspunkte in der Kritik und treibt die Weiterentwicklung und Erforschung neuer Arten voran. Einige dieser Problemfelder sollen im Folgenden skizziert werden, um die Kritikpunkte an diesem universellen Werkstoff aufzuzeigen.

Die erste Problematik stellt die Einwirkung von Kunststoff auf die Umwelt dar, welche durch mehrere Anhaltspunkte deutlich wird. Zum einen wäre dies die Verschmutzung der Weltmeere und die Schädigung ihrer Lebewesen durch seine standfeste Haltbarkeit und sein langes Verbleiben im Ökosystem. 83 Prozent des gesamten Abfalles im Meer wird durch Kunststoffteile gebildet, der auf 18.000 Teile pro Quadratmeter geschätzt wird. Kunststoffmüll zersetzt sich bedingt durch Umwelteinflüsse in kleine Teile, welche der Nahrung von Meereseinwohner ähneln und von diesen gefressen werden, was zu Schäden und Störungen ihres natürlichen Systems führt (vgl. Pretting & Boote, 2010: 63ff.). Zum anderen belastet der Kunststoffabfall die Umwelt durch den großen Anteil an Werkstoff, der nicht recycelt wird. Problem hierbei ist die steigende Anzahl an Verbundstoffen, was das erneute Verstoffwechseln aufwendiger macht. Zudem verlangen viele Entsorgungsunternehmen große Summen für ihre Arbeit, was oft zu illegalen Vergrabungen von giftigen Produktionsüberresten führt und die Umwelt belastet (vgl. ebd. 71f.). Viele Länder besitzen zum heutigen Stand über kein Recyclingsystem für

Kunststoffe, was bei dem hohen Konsum dieses Werkstoffes weltweit zu deutlichen Schweirigkeiten in seiner Entsorgung führt (vgl. Kircher, 2010). Dieses Problem könnte in Deutschland in kommender Zeit auch größer werden, da dann die vielen Polystyroldämmplatten, welche sich aktuell an etlichen Fassaden befinden, entsorgt werden müssen, da sie den problematischen Stoff *Hexabromcyclododecan* enthalten, durch welchen die Platten zum Sondermüll werden (vgl. Purtul & Witte, 2014). Eine weitere negative Einwirkung von Kunststoff präsentiert sich im Bezug auf den Menschen und die dadurch in den Körper gelangten Pthalate, welche als Weichmacher in Kunststoffen eingesetzt werden, um diese verformbar zu gestalten. Diese migrieren aus dem Werkstoff herraus und treten durch Luft, Flüssigkeit oder Nahrung in Verbindung mit dem Menschen. Immer wieder weisen Studien auf damit verbundene Gesungsheitsbedenken hin oder zeigen Zusammenhänge von dem Phtalat Bisphenol und der Frühreife von Mädchen. Dennoch besteht heutzutage keine einstimmige Meinung über die tatsächliche Bewertung der Gefährtlichkeit von Bisphenol A oder Phtalaten (vgl. Kirchner, 2010). PVC präsentiert sich hierbei als erster Stoff, welcher in Deutschland als gesundheitsbedenklich eingetuft wurde, auf Grund seiner zum Beispiel im Brand entstehenden Dioxine, welche sich als hochgiftig für den Menschen ergeben (vgl. Pretting & Boote, 2010: 116ff).

3.2 Neue Kunststoffarten und Trends

Bedingt durch die starke Verbreitung und eine hohe Nachfrage an dem Werkstoff Kunststoff gelangen immer mehr neue Kunststoffarten auf dem Markt, die sich stets an die gewünschte Anwendung orientieren und so die Weiterentwicklung vorantreiben (vgl. Oberbach, u.a., 2004: 624f.). Hierbei sind mehrere Tendenzen zu verzeichnen, die sich zum einen darin ausdrücken, dass auf Grundlage von geläufigen Monomeren *Copolymere* oder *Blends* hergestellt werden, was durch die neusten Erkenntnisse bezüglich Katalysatorsystemen ermöglich wird, so wie zum Beispiel eine Synthese von elastischem *Polypropylen*. Zum anderen liegt aktuell der Fokus auf dem Herstellen von Kunststoffen, welche ideale Eigenschaften und gleichzeitig eine optimierte Verarbeitung aufweisen. Darüber hinaus sind prägnante Entwicklungen im Bereich von Funktionswerkstoffen zu erkennen, welche bestrebt sind, Kunststoffe herzustellen, die gleichzeitig verschiedene Funktionen bei zum Beispiel einem speziellen Bauteil bieten können (vgl. Oberbach, u.a., 2004: 624f.).

Ebenso reagiert die Kunststoffbranche auf die soeben thematisierten Problematiken und sucht nach neuen Lösungsansätzen, um für dessen künftige Auflösung erste Bausteine zu legen. Ergänzt durch den begleitenden Aspekt der Nachhaltigkeit und der Tatsache, dass die meisten Kunststoffe aus fossilen Ressourcen bezogen werden, setzt den Fokus aktuell auf *Biopolymere*, bei welchen zwischen biobasiert und bioabbaubar unterschieden werden muss. *Biobasierte Kunststoffe* werden hierbei durch die Polymerisation von Monomehren aus natürlichen Rohstoffen gebildet, beispielsweise *Polyamid 11*, welches aus Rizinusöl hergestellt wird (vgl. Schwarz, u.a., 2016: 158). *Bioabbaubare Kunststoffe* besitzen dagegen die Eigenschaft sich biologisch abzubauen. Beispielsweise basieren *Polylactide* auf Milchsäure, welche durch Hydrolyse wiederhergestellt wird und von Organismen genutzt werden kann. Zu betonen gilt jedoch, dass die Zuordnung eines Kunststoffes zu einem dieser Kategorien nicht automatisch weniger Belastung für die Umwelt nach sich zieht. Es gilt auf die gesamte Umweltbilanz von dem Rohstofferwerb, über Herstellung, Verarbeitung und bis zur Entsorgen zu achten (vgl. Schwarz, u.a., 2016: 159). Basierend auf diesem Bewusstsein zur Nachhaltigkeit und der Erkenntnis zur Schonung der Ressourcen, wird seit geraumen Zeit auch mit biologischen Rohstoffquellen wie Mais oder Weizen gearbeitet. Doch erfährt dies vermehrt Kritik, da diese Rohstoffe den Nahrungsmitteln angehören und somit anderwärtig bestimmt sein sollte, um zum Beispiel den Welthunger zu bekämpfen (vgl. Menges, u.a., 2011: 21f.). Schlussfolgernd gilt es weiterhin nach zukunftsfähigen Ansätzen für die Auflösung der Kunststoffproblematiken zu forschen, sowie zu hoffen.

4. Kunststoffe in Zukunft – *eine Plastik-Prognose*

Im Weiteren soll nun der Blick in die Zukunft gerichtet und hinterfragt werden, welche Tendenzen es hinsichtlich der Kunststoffbranche in den kommenden Jahren zu erwarten gilt. Um diese Frage zu beantworten, sollen nach den Schilderungen bezüglich der künftigen Kunststoffindustrie, die gegenwärtigen Anforderungen an Kunststoffe seitens Mensch und Umwelt untersucht, sowie präsentiert werden. Darauf aufbauend können zukunftweisende Forschungsansätze vorgestellt werden, um potenzielle Lösungen für die Kunststoffproblematiken aufzuzeigen und eine richtungsweisende Tendenz zu skizzieren.

4.1 Anzunehmende Entwicklungen der Kunststoffbranche

Bei der Begutachtung der zukünftigen Lage der Kunststoffbranche müssen weitere Faktoren wie die steigende Weltbevölkerung und der wachsende Lebensstandard miteinbezogen werden, da beide zu einem verstärkten Konsum von Kunststoff zu führen vermögen. Folgende Grafik visualisiert den auf heutigen Erkenntnissen angenommenen Weltkunststoffverbrauch bis zum Jahre 2075 (vgl. Menges, u.a., 2011: 20).

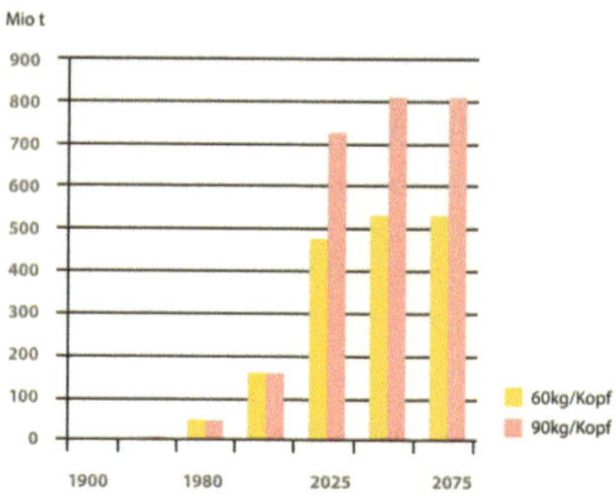

Abbildung 3: Prognose für den Weltkunststoffverbrauch
Eigene Darstellung nach Menges, 2011, S. 20

Der Grund für die Annahme, dass der Weltkunststoffverbrauch um ein solch Vielfaches bis zum Jahre 2075 steigen wird, hängt mit mehreren Faktoren zusammen. Auf der einen Hand ist dies die Tatsache, dass sich die Rohstoffbasis von Polymerwerkstoffen unter anderem aus Kohlenstoffdioxid zusammensetzt und dieser solange zugänglich sein wird wie die menschliche Existenz. Dies führt dazu, dass Kunststoff, welcher einst andere Werkstoffe imitieren sollte, in Zukunft diese einfach flächendeckend ersetzten könnte. Darüber hinaus spielt auch die Produktion von Alltagsgütern eine entscheidende Rolle bei der Zukunft der Kunststoffe, da kein vergleichbares Material die gleiche Leistung bei entsprechend günstigen und einfachen Verfahrung zu präsentieren scheint. Durch die stetige Forschung und Entwicklung neuer Kunststoffe kommt es fortlaufend zu Optimierungsprozessen dieses Werkstoffes, welcher die Kosten weiter senken lässt. Deswegen kann angenommen werde, dass weiterhin die Kunststoffe dieses Feld vertreten und sich gewiss auch auf weitere erstrecken werden und somit ihr Konsum, sowie ihre Produktion stetig in Zukunft wachsen wird (vgl. Menges, u.a., 2011: 21f.).

4.2 Zukunftsweisende Forschungsansätze

Rückblickend auf die Errungenschaften der Kunststoffbranche scheint es in Zukunft noch viele Entwicklungen hinsichtlich der Vielfalt, Qualität und Anpassbarkeit neuer Kunststoffe zu geben, denen kaum Grenzen gesetzt zu sein scheinen. Die vorgestellte Tendenz lässt dabei vermehrt Forderungen an die Kunststoffbranche bezüglich seiner Umweltbilanz stellen, da ein solches Wachstum die gegenwertigen Probleme in unvorstellbare Ausmaße überzugeben droht, wenn die Umstände und Bedingungen nicht verändert werden. So besteht sichtlich der Entsorgungsproblematik vermehrt Bedarf nach Alternativen, welche diesen notwendigen Werkstoff zukunftsfähiger gestalten könnten. Aktuelle Forschungsansätze und Erkenntnisse lassen hierbei erste Annahmen über die weitere Entwicklung in diesem Bereich entstehen.

Die zuvor beschriebenen biologischen Kunststoffe reichen nämlich für den Umweltschutz nicht aus und müssen in Zukunft eine deutlichere Ökobilanz vorweisen, denn das Umweltbundesamt betont, dass diese noch nicht genug untersucht worden seien und die Deklarierung eines Kunststoffes als bioabbaubar heutzutage nur zu Vermarktungszwecken im "Umweltschutzwahn" verwendet werden würde. Die Bioplastikbranche verfolgt dabei kein Interesse das Kunststoffabfallproblem zu eliminieren, sondern ist lediglich bestrebt andere Kunststoffe durch ihre zu ersetzen (vgl. Pretting & Boote, 2010: 180).

Doch wurde kürzlich im April 2017 eine Wachsmotte namens Galleria mellonella in Spanien entdeckt, dessen Larven Polyethylen auffressen und genau dieses Problem lösen könnten. Normalerweise sind diese Raupen in Bienenstöcken zu finden, welche dort ihre

Eier ablegen und sich von Bienenwachs, welches ebenfalls ein Polymer ist, ernähren. 100 Motte zersetzen dabei in 12 Stunden eine handelsübliche Einkaufstüte, welche knappen 100 g entspricht. Verantwortlich dafür scheint ein Molekül oder Enzym im Verdauungssystem der Raupen zu sein, welches das Polyethylen nicht nur zersetzt, sondern es auch in Ethylenglykol umwandelt. Auf Grund dessen sind Forscher nun bestrebt dieses Enzym zu isolieren und in Zukunft für die Zersetzung von Kunststoff zu nutzen (vgl. Kefer, 2017). Bereits konkretere Ziele ähnlicher Art verfolgt die Bioplastikbranche mit dem Polyester *Ecoflex*, welches durch Bakterien und Pilze zersetzt werden könne. Ausweitungen bezüglich der Produktionskapazitäten dieses Kunststoffes sind in Planung (vgl. Pretting & Boote, 2010: 180). Erster Ansat könnte die Abfallproblematik im Bezug auf Polyethylen mindern und der zweite mit einem neuen Kunststoff dazu beitragen, dass diese nicht ausgeweitet wird.

5. Diskussion und Fazit

Diese Arbeit abschließend und alle erworbenen Erkenntnisse summierend, soll nun eine abschließende Beurteilung zum Thema *"Eine Welt aus Plastik - die Entwicklung der Kunststoffe als Fluch oder Segen"* vorgenommen werden. Hierfür werden zunächst die in dieser Arbeit erlangten Erkenntnisse zusammenfassend präsentiert, kritisch reflektiert und daraus ein Fazit gezogen.

Es kann dabei zunächst festgehalten werden, dass die zu Beginn aufgestellte These, Kunststoffe würden das menschliche Leben bestimmen, Bestätigung findet. Hierbei wird deutlich, dass dies auf zwei wesentliche Weisen geschieht. Auf der einen Seite präsentiert sich die Entstehung der Kunststoffe als ein *"Segen"* für die gesamte menschliche Entwicklung, ihren Lebensstandard und wachsenden Fortschritt. Genauso wirkte sich die Einführung dieses Materials positiv auf den Erhalt der natürlichen Ressourcen und das Klima aus. Auf der anderen Seite werden Problemstellen dieses Werkstoffes bezüglich seiner negativen Einwirkung auf Mensch und Umwelt als *"Fluch"* für diese deutlich, welche sich durch Verschmutzung, Rohstoffverbrauch, Entsorgungsschwierigkeiten und gesundheitliche Bedenken ausdrücken. Die allgegenwärtige und hartnäckige Präsenz dieser Kritikpunkte in den Medien hat bereits vermehrt dazu beigetragen, dass die Suche nach entsprechenden Auflösungen, Verbessrungen und Alternativen zu angemessenen ersten Lösungsvorschlägen und Umsetzungen geführt hat. Folglich kann die Frage, ob Kunststoffe einen *"Fluch oder Segen"* darstellen nicht allgemeingültig beantwortet werden und unterliegt abhängig von Perspektive und Branche Schwankungen. Wo Umweltschützer sie als *"Fluch"* betiteln würden, nennen sie Entwickler und Designer einen *"Segen"*. Unabhängig von der individuellen Haltung und Meinung gegenüber Kunststoffen, muss jedoch deutlich gemacht werden, dass dieser Werkstoff die heutige Welt und ihren Lebensstand erst möglich gemacht hat und in Zukunft gewiss diesen weiterhin erhöhen wird.

Die Frage, dass bei solch ausgeprägten Vorteilen dieses Werkstoffes, die Nachteile hingenommen werden müssen, sollte nicht nur jeder persönlich bei seinen Entscheidungen beachten, sondern auch Kunststoffproduzenten insbesondere bei dem gegenwärtigen Trend des Umweltschutzes berücksichtigen. Neue Zielgruppen lassen eine dahingehende Entwicklung des Marktes annehmen und hoffen, dass die Forschung diesen Werkstoff in Zukunft nicht nur leicht, flexibel und günstig gestaltet, sondern dies auch mit Nachhaltigkeit, Ökologie und Umweltschutz paart, um einen Kunststoff der Zukunft zu entwerfen, der für

Wirtschaft, aber auch Mensch und Umwelt gewinnbringend zu sein vermag. Es gilt in Zukunft ein angemessenes Verhältnis zu Kunststoffprodukten, ihren Eigenschaften und ihrer Entsorgung zu finden, um eine solche für die Zukunft vielversprechende Ressource nicht an ihren Nebenerscheinungen scheitern zu lassen. Die Auflösung der angeführten Kritikpunkte würde den Blick in die Zukunft und das erwartete weitere Wachstum der Kunststoffbranche entspannter entgegenblicken lassen. Es verbleibt auf weitere Entwicklungen der Kunststoffbranche zu warten und auf neue mit diesem Werkstoff umgesetzte Innovationen zu hoffen. Zusammenfassend kann gesagt werden, dass die Entstehung von Kunststoffen ein *"Segen"* war, seine aktuellen Probleme jedoch ein *"Fluch"* sind und es ihre Rolle in der Zukunft nicht nur abzuwarten, sondern auch aktiv mitzugestalten gilt. Denn durch das Zusammenspiel aller Beteiligten und der entsprechenden Maßnahmen könnte der Werkstoff Kunststoff seinen *"Fluch"* brechen und als reiner *"Segen"* in die Menschheitsgeschichte eingehen.

Literaturverzeichnis

Bücher

Abts, Georg, (2010): *Kunststoff-Wissen für Einsteiger.* München: Carl Hanser Verlag.

Menges, Georg; Haberstroh, Edmund; Michaeli, Walter & Schmachtenberg, Ernst, (2011): *Menges Werkstoffkunde Kunststoffe.* 6. Auflage Hrsg. München: Carl Hanser Verlag.

Oberbach, Karl; Baur, Erwin; Brinkmann, Sigrid & Schmachtenberg, Ernst., (2004): *Saechtling Kunststoff Taschenbuch.* 29. Auflage Hrsg. München: Carl Hanser Verlag.

Pretting, Gerhard & Boote, Werner, (2010): *Plastic Planet - Die dunkle Seite der Kunststoffe.* Freiburg: orange-press.

Schwarz, Otto; Ebelin, Friedrich-Wolfhard; Huberth, Harald; Richter, Frank; Schirber, Harald & Schlör, Norbert (2016) *Kunststoffkunde.* 10. Auflage Hrsg. Würzburg: Vogel Bussiness Media GmbH & Co.

Schwedt, Georg, (2013a): *Plastisch, elastisch, fantastisch - Ohne Kunststoffe geht es nicht.* Weinheim: Wiley-VCH Verlag GmbH & Co.

Schwedt, Georg, (2013b). *Experimente rund um die KUnststoffe des Alltags.* Weinheim: WILEY-VCH Verlag GmbH & Co.

Internetquellen

Internetpräsenz Plastic Europe (2017)
URL: http://www.plasticseurope.de/kunststoffindustrie.aspx
Zugriff am 10.07.2017.

Kefer, Martina (2017): *Diese Raupe frisst Plastik einfach auf.*
URL: http://www.ingenieur.de/Themen/Forschung/Diese-Raupe-frisst-Plastik-einfach
Zugriff am 12.07.2017.

Kirchner, Ron (2010): *Voice and heartbeat of the bioenergy.*
URL: http://www.biomasse-nutzung.de/pro-contra-von-kunststoffen-film-plastic-planet/
Zugriff am 10.07.2017.

Internetpräsenz Deutsches Kunststoff Museum (2017) *Zeittafel zur Geschichte*
URL: http://www.deutsches-kunststoff-museum.de/rund-um-kunststoff/zeittafel-zur-geschichte/
Zugriff am 10.07.2017.

Purtul, Güven & Witte, Jenny (2014): *Ignorierte Gefahr: Gift in Wärmedämmung*
URL: http://www.ndr.de/fernsehen/sendungen/panorama3/Ignorierte-Gefahr-Gift-in-Waermedaemmung-,waermedaemmung222.html
Zugriff am 12.07.2017.

Abbildungsverzeichnis

Eigene Darstellung nach Menges, Georg; Haberstroh, Edmund; Michaeli, Walter & Schmachtenberg, Ernst, (2011): *Menges Werkstoffkunde Kunststoffe*. 6. Auflage Hrsg. München: Carl Hanser Verlag.

Eigene Darstellung nach Menges, Georg; Haberstroh, Edmund; Michaeli, Walter & Schmachtenberg, Ernst, (2011): *Menges Werkstoffkunde Kunststoffe*. 6. Auflage Hrsg. München: Carl Hanser Verlag.

Eigene Darstellung nach Menges, Georg; Haberstroh, Edmund; Michaeli, Walter & Schmachtenberg, Ernst, (2011): *Menges Werkstoffkunde Kunststoffe*. 6. Auflage Hrsg. München: Carl Hanser Verlag.